《画说电力安全生产违章　变电部分》编委会　编著

画说
电力安全生产违章
变电部分

中国电力出版社
CHINA ELECTRIC POWER PRESS

图书在版编目（CIP）数据

画说电力安全生产违章．变电部分 /《画说电力安全生产违章．变电部分》编委会编著．—北京：中国电力出版社，2020.4（2023.6 重印）

ISBN 978-7-5198-4147-8

Ⅰ．①画… Ⅱ．①画… Ⅲ．①变电－安全生产－违章作业 Ⅳ．①TM08

中国版本图书馆 CIP 数据核字（2020）第 022313 号

出版发行：	中国电力出版社	印　　刷：	河北鑫彩博图印刷有限公司
地　　址：	北京市东城区北京站西街19号	版　　次：	2020 年 4 月第一版
邮政编码：	100005	印　　次：	2023 年 6 月北京第三次印刷
网　　址：	http://www.cepp.sgcc.com.cn	开　　本：	787 毫米 ×1092 毫米 32 开本
责任编辑：	王冠一（010-63412726） 马 丹	印　　张：	3.375
责任校对：	黄 蓓 李 楠	字　　数：	75 千字
装帧设计：	赵姗姗	定　　价：	24.00 元
责任印制：	钱兴根		

编委会名单

本书编写组

（排名不分先后）

金福国　熊先亮　张　岩　吴志勇　李天宁

王　帅　张秋羽　王永东　陈立吉

前言

安全生产，重如泰山。习近平总书记指出："既重视发展问题，又重视安全问题，发展是安全的基础，安全是发展的条件""推动创新发展、协调发展、绿色发展、开放发展、共享发展，前提都是国家安全、社会稳定。没有安全和稳定，一切都无从谈起"。党的十八大以来，党和国家高度重视安全生产，把安全生产作为民生大事，纳入到全面建成小康社会的重要内容之中，随着我国安全生产事业的不断发展，严守安全底线，保障人民权益，生命安全至上已成为全社会共识。

电力行业关乎国民经济振兴和社会稳定发展，电网企业安全生产是保证电力安全的前提和基础。建设有中国特色国际领先的能源互联网，实现安全生产工作"四个最"的要求，强化安全风险管控，需要我们坚持以人为本，强化本质安全，教会员工辨识违章、主动防范各类违章风险，是遏制违章、防范事故最有效的手段。

国网辽宁省电力有限公司组织安全管理人员，结合安全生产实际情况，按照安全生产全过程管控要求，从安全风险管控、安全例行工作、安全教育培训、安全工器具管理、作业标准化流程等方面，认真分析输、变、配电安全生产中可能出现的违章现象，并与规程、规定相对应编写本书，供各级电力安全生产人员培训学习使用，有利于一线人员和管理人员进一步增强安全意识，落实安全生产责任，严格执行安全生产规章制度，超前预控安全风险，不断夯实安全生产基础。

由于编者水平有限，难免存在缺陷和不足，诚恳欢迎广大读者批评、指正。

编　者

2020 年 4 月

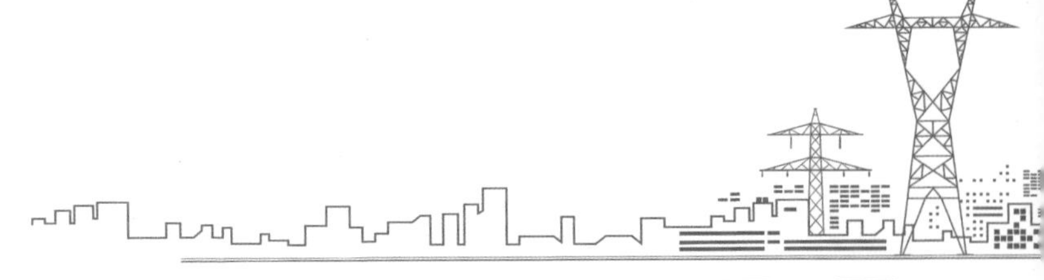

目录

前言

1. 安全管理 1

2. 现场管理 17

3. 工器具管理 83

4. 消防管理 97

1. 安全管理

违章现象

1.1 未对新入局（厂）人员进行三级安全教育。

违反条例

Q/GDW 1799.1—2013《国家电网公司电力安全工作规程　变电部分》

● 4.4.3 新参加电气工作的人员、实习人员和临时参加劳动的人员（管理人员、非全日制用工等），应经过安全知识教育后，方可到现场参加指定的工作，并且不得单独工作。

违章现象

1.2 设备发生接地时，变电运行人员巡视中未穿绝缘靴。

违反条例

Q/GDW 1799.1—2013《国家电网公司电力安全工作规程　变电部分》

● 5.2.4 高压设备发生接地时，室内人员应距离故障点 4m 以外，室外人员应距离故障点 8m 以外。进入上述范围人员应穿绝缘靴，接触设备的外壳和构架时，应戴绝缘手套。

违章现象

1.3 作业人员跨越围栏。

违反条例

Q/GDW 1799.1—2013《国家电网公司电力安全工作规程　变电部分》

- 7.5.5 中规定，禁止越过围栏。

违章现象

1.4 进出高压开关室，未随手关门。

违反条例

Q/GDW 1799.1—2013《国家电网公司电力安全工作规程　变电部分》

- 5.2.5 巡视室内设备，应随手关门。

违章现象

1.5 检修工作中，检修设备与运行设备无明显分隔标志。

违反条例

Q/GDW 1799.1—2013《国家电网公司电力安全工作规程　变电部分》

● 13.8 在全部或部分带电的运行屏（柜）上进行工作时，应将检修设备与运行设备以明显的标志隔开。

违章现象

1.6 接地线无编号。

违反条例

Q/GDW 1799.1—2013《国家电网公司电力安全工作规程　变电部分》

● 7.4.12 每组接地线及其存放位置均应编号，接地线号码与存放位置号码应一致。

违章现象

1.7 已终结的工作票、事故紧急抢修单未按照规定期限进行保存。

违反条例

Q/GDW 1799.1—2013《国家电网公司电力安全工作规程　变电部分》

- 6.6.7 已终结的工作票、事故紧急抢修单应保存 1 年。

违章现象

1.8 工作负责人未检查工作班成员精神状态是否良好。

违反条例

Q/GDW 1799.1—2013《国家电网公司电力安全工作规程　变电部分》

- 6.3.11.2 中规定，工作负责人（监护人）：

　　f）关注工作班成员身体状况和精神状态是否出现异常迹象，人员变动是否合适。

违章现象

1.9 脚手架材质不合格，搭设不合格、不规范，作业人员沿脚手杆或栏杆等攀爬。

违反条例

Q/GDW 1799.1—2013《国家电网公司电力安全工作规程　变电部分》

- 18.1.10 高处作业使用的脚手架应经验收合格后方可使用。上下脚手架应走斜道或梯子，作业人员不准沿脚手杆或栏杆等攀爬。

违章现象

1.10 单人进入高压开关室对开关柜进行检查。

违反条例

Q/GDW 1799.1—2013《国家电网公司电力安全工作规程　变电部分》

● 6.5.2 所有工作人员（包括工作负责人）不许单独进入、滞留在高压室、阀厅内和室外高压设备区内。

若工作需要（如测量极性、回路导通试验、光纤回路检查等），而且现场设备允许时，可以准许工作班中有实际经验的一个人或几人同时在它室进行工作，但工作负责人应在事前将有关安全注意事项予以详尽的告知。

违章现象

1.11 连续间断电气工作3个月以上人员未重新学习《安规》。

违反条例

Q/GDW 1799.1—2013《国家电网公司电力安全工作规程　变电部分》

- 4.4.2 作业人员对本规程应每年考试一次。因故间断电气工作连续三个月以上者，应重新学习本规程，并经考试合格后，方能恢复工作。

违章现象

1.12 SF_6配电室入口无SF_6气体含量显示器。

违反条例

Q/GDW 1799.1—2013《国家电网公司电力安全工作规程　变电部分》

- 11.5 在SF_6配电装置室低位区应安装能报警的氧量仪和SF_6气体泄漏报警仪，在工作人员入口处应装设显示器。上述仪器应定期检验，保证完好。

违章现象

1.13 SF_6 设备解体检修前未对 SF_6 气体进行检测并采取相应的安全防护措施。

违反条例

Q/GDW 1799.1—2013《国家电网公司电力安全工作规程　变电部分》

● 11.10 设备解体检修前，应对 SF_6 气体进行检验。根据有毒气体的含量，采取安全防护措施。检修人员需穿着防护服并根据需要佩戴防毒面具或正压式空气呼吸器。打开设备封盖后，现场所有人员应暂离现场30min。取出吸附剂和清除粉尘时，检修人员应戴防毒面具或正压式空气呼吸器和防护手套。

违章现象

1.14 电缆层的排风机电源开关设置在电缆层。

违反条例

Q/GDW 1799.1—2013《国家电网公司电力安全工作规程　变电部分》

- 11.4 SF_6配电装置室、电缆层（隧道）的排风机电源开关应设置在门外。

违章现象

1.15 搅拌机上方未搭设防雨棚。

违反条例

《国家电网公司电力安全工作规程　电网建设部分（试行）》

● 5.2.9.1 搅拌机应搭设能防风、防雨、防晒、防砸的防护棚，在出料口设置安全限位挡墙，操作平台设置应便于搅拌机手操作。

2. 现场管理

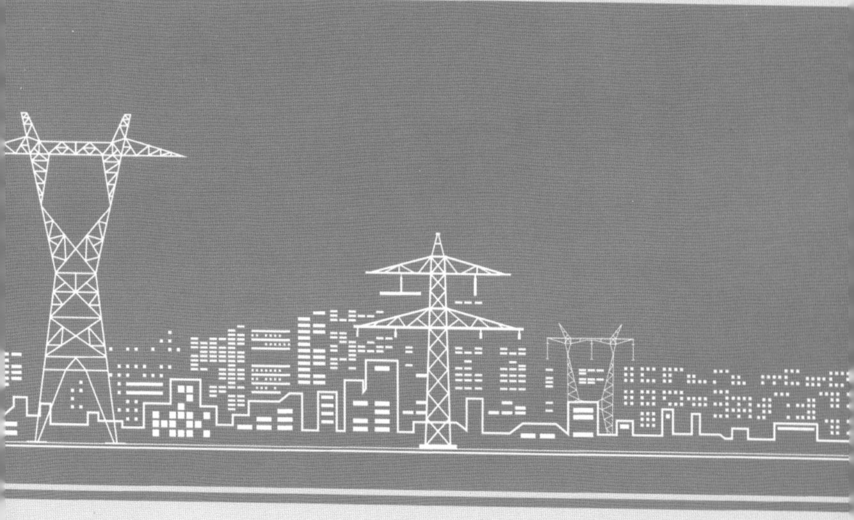

违章现象

2.1 施工机具、机动车辆超铭牌使用或擅自改变工况使用。

违反条例

Q/GDW 1799.1—2013《国家电网公司电力安全工作规程　变电部分》

- 17.1.3 起重设备、吊索具和其他起重工具的工作负荷，不准超过铭牌规定。

违章现象

2.2 不按规程要求配备急救箱和急救用品。

违反条例

Q/GDW 1799.1—2013《国家电网公司电力安全工作规程　变电部分》

● Q1.4 生产现场和经常有人工作的场所应配备急救箱，存放急救用品，并应指定专人经常检查、补充或更换。

违章现象

2.3 安排、默认无票操作。

违反条例

Q/GDW 1799.1—2013《国家电网公司电力安全工作规程　变电部分》

- 5.3.4.1 倒闸操作由操作人员填用操作票。

违章现象

2.4 高处作业时，他人在工作地点下面通行或逗留。

违反条例

Q/GDW 1799.1—2013《国家电网公司电力安全工作规程　变电部分》

- 18.1.12 在进行高处作业时，除有关人员外，不准他人在工作地点的下面通行或逗留，工作地点下面应有围栏或装设其他保护装置，防止落物伤人。如在格栅式的平台上工作，为了防止工具和器材掉落，应采取有效隔离措施，如铺设木板等。

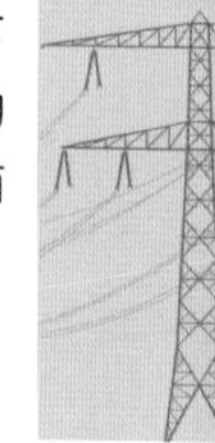

违章现象

2.5 高处作业上下抛掷工具。

违反条例

Q/GDW 1799.1—2013《国家电网公司电力安全工作规程　变电部分》

- 18.1.13 禁止将工具及材料上下投掷，应用绳索拴牢传递，以免打伤下方作业人员或击毁脚手架。

违章现象

2.6 倒闸操作未履行唱票、复诵制度。

违反条例

Q/GDW 1799.1—2013《国家电网公司电力安全工作规程　变电部分》

● 5.3.6.2 现场开始操作前，应先在模拟图（或微机防误装置、微机监控装置）上进行核对性模拟预演，无误后，再进行操作。操作前应先核对系统方式、设备名称、编号和位置，操作中应认真执行监护复诵制度（单人操作时也应高声唱票），宜全过程录音。操作过程中应按操作票填写的顺序逐项操作。每操作完一步，应检查无误后作一个“√”记号，全部操作完毕后进行复查。

违章现象

2.7 工作终结时，工作许可人不查看现场状况就办理工作终结手续。

违反条例

Q/GDW 1799.1—2013《国家电网公司电力安全工作规程　变电部分》

● 6.6.5 中规定，全部工作完毕后，工作班应清扫、整理现场。工作负责人应先周密地检查，待全体作业人员撤离工作地点后，再向运维人员交待所修项目、发现的问题、试验结果和存在问题等，并与运维人员共同检查设备状况、状态，有无遗留物件，是否清洁等，然后在工作票上填明工作结束时间。经双方签名后，表示工作终结。

违章现象

2.8 雷电天气时就地进行倒闸操作。

违反条例

Q/GDW 1799.1—2013《国家电网公司电力安全工作规程　变电部分》

● 5.3.6.9 用绝缘棒拉合隔离开关（刀闸）、高压熔断器或经传动机构拉合断路器（开关）和隔离开关（刀闸），均应戴绝缘手套。雨天操作室外高压设备时，绝缘棒应有防雨罩，还应穿绝缘靴。接地网电阻不符合要求的，晴天也应穿绝缘靴。雷电时，禁止就地倒闸操作。

违章现象

2.9 使用未经试验的验电器进行验电。

违反条例

Q/GDW 1799.1—2013《国家电网公司电力安全工作规程　变电部分》

● 7.3.1 验电时，应使用相应电压等级而且合格的接触式验电器，在装设接地线或合接地刀闸（装置）处对各相分别验电。验电前，应先在有电设备上进行试验，确证验电器良好；无法在有电设备上进行试验时，可用工频高压发生器等确认验电器良好。

违章现象

2.10 设备检修过程中擅自扩大工作范围。

违反条例

Q/GDW 1799.1—2013《国家电网公司电力安全工作规程　变电部分》

● 6.3.8.8 在原工作票的停电及安全措施范围内增加工作任务时，应由工作负责人征得工作票签发人和工作许可人同意，并在工作票上增填工作项目。若需变更或增设安全措施者应填用新的工作票，并重新履行签发许可手续。

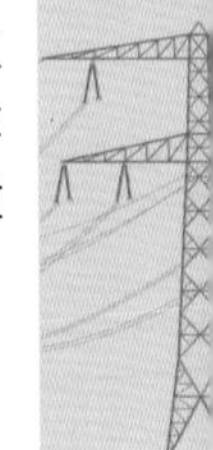

违章现象

2.11　擅自漏项、跳项操作。

违反条例

Q/GDW 1799.1—2013《国家电网公司电力安全工作规程　变电部分》

● 5.3.6.2 现场开始操作前，应先在模拟图（或微机防误装置、微机监控装置）上进行核对性模拟预演，无误后，再进行操作。操作前应先核对系统方式、设备名称、编号和位置，操作中应认真执行监护复诵制度（单人操作时也应高声唱票），宜全过程录音。操作过程中应按操作票填写的顺序逐项操作。每操作完一步，应检查无误后作一个“√”记号，全部操作完毕后进行复查。

违章现象

2.12 在倒闸操作时做与操作无关的事情（吸烟、打手机）。

违反条例

Q/GDW 1799.1—2013《国家电网公司电力安全工作规程　变电部分》

- 5.3.6.3 监护操作时，操作人在操作过程中不准有任何未经监护人同意的操作行为。

违章现象

2.13 约时停、送电。

违反条例

Q/GDW 1799.1—2013《国家电网公司电力安全工作规程　变电部分》

- 8.1 中规定，禁止约时停、送电。

违章现象

2.14 酒后驾车。

违反条例

《中华人民共和国道路交通安全法》

- 第九十一条中规定，饮酒后驾驶机动车的，处暂扣 6 个月机动车驾驶证，并处 1000 元以上 2000 元以下罚款。因酒后驾驶机动车被处罚，再次饮酒后驾驶机动车的，处 10 日以下拘留，并处 1000 元以上 2000 元以下罚款，吊销机动车驾驶证。

违章现象

2.15 未按要求进行现场勘察或工作票签发人、工作负责人未参与现场勘察工作。

违反条例

Q/GDW 1799.1—2013《国家电网公司电力安全工作规程　变电部分》

- 6.2 现场勘察制度。

变电检修（施工）作业，工作票签发人或工作负责人认为有必要现场勘察的，检修（施工）单位应根据工作任务组织现场勘察，并填写现场勘察记录。现场勘察由工作票签发人或工作负责人组织。

违章现象

2.16 操作票中操作任务、操作顺序填写不规范、错误。

违反条例

Q/GDW 1799.1—2013《国家电网公司电力安全工作规程　变电部分》

- 5.3.1 倒闸操作应根据值班调控人员或运维负责人的指令，受令人复诵无误后执行。发布指令应准确、清晰，使用规范的调度术语和设备双重名称。发令人和受令人应先互报单位和姓名，发布指令的全过程（包括对方复诵指令）和听取指令的报告时应录音并做好记录。操作人员（包括监护人）应了解操作目的和操作顺序。对指令有疑问时应向发令人询问清楚无误后执行。发令人、受令人、操作人员（包括监护人）均应具备相应资质。

违章现象

2.17 起吊过程中工作人员在吊物下停留。

违反条例

Q/GDW 1799.1—2013《国家电网公司电力安全工作规程　变电部分》

- 17.2.1.5 禁止与工作无关人员在起重工作区域内行走或停留。

违章现象

2.18 加压试验时，未通知现场人员离开设备即擅自加压。

违反条例

Q/GDW 1799.1—2013《国家电网公司电力安全工作规程　变电部分》

● 14.1.6 加压前应认真检查试验接线，使用规范的短路线，表计倍率、量程、调压器零位及仪表的开始状态均正确无误，经确认后，通知所有人员离开被试设备，并取得试验负责人许可，方可加压。加压过程中应有人监护并呼唱。

高压试验作业人员在全部加压过程中，应精力集中，随时警戒异常现象发生，操作人应站在绝缘垫上。

违章现象

2.19 未得到值班调控人员许可，即合闸。

违反条例

Q/GDW 1799.1—2013《国家电网公司电力安全工作规程　变电部分》

● 6.6.6 只有在同一停电系统的所有工作票都已终结，并得到值班调控人员或运维负责人的许可指令后，方可合闸送电。

违章现象

2.20 作业前未进行安全交底。

违反条例

Q/GDW 1799.1—2013《国家电网公司电力安全工作规程　变电部分》

- 6.3.11.2 中规定，工作负责人（监护人）：

　　c）工作前对工作班成员进行危险点告知，交待安全措施和技术措施，并确认每一个工作班成员都已知晓。

违章现象

2.21 工作票、操作票、作业卡不按规定签名。

违反条例

Q/GDW 1799.1—2013《国家电网公司电力安全工作规程　变电部分》

● 6.5.1 工作许可手续完成后，工作负责人、专责监护人应向工作班成员交待工作内容、人员分工、带电部位和现场安全措施，进行危险点告知，并履行确认手续，工作班方可开始工作。工作负责人、专责监护人应始终在工作现场，对工作班人员的安全认真监护，及时纠正不安全的行为。

违章现象

2.22 未办理工作票就开始工作。

违反条例

Q/GDW 1799.1—2013《国家电网公司电力安全工作规程　变电部分》

- 6.3 工作票制度。

违章现象

2.23 专责监护人从事检修工作。

违反条例

Q/GDW 1799.1—2013《国家电网公司电力安全工作规程　变电部分》

- 6.5.3 中规定，专责监护人不得兼做其他工作。

违章现象

2.24 必须使用操作票的项目未使用操作票。

违反条例

Q/GDW 1799.1—2013《国家电网公司电力安全工作规程 变电部分》

- 5.3.7 下列各项工作可以不用操作票：

  a）事故紧急处理。

  b）拉合断路器（开关）的单一操作。

  c）程序操作。

  上述操作在完成后应做好记录，事故紧急处理应保存原始记录。

违章现象

2.25 起重机起吊埋在地下的东西。

违反条例

Q/GDW 1799.1—2013《国家电网公司电力安全工作规程　变电部分》

- 17.2.1.7 禁止用起重机起吊埋在地下的物件。

违章现象

2.26 操作前不进行模拟演练。

违反条例

Q/GDW 1799.1—2013《国家电网公司电力安全工作规程　变电部分》

● 5.3.6.2 现场开始操作前，应先在模拟图（或微机防误装置、微机监控装置）上进行核对性模拟预演，无误后，再进行操作。操作前应先核对系统方式、设备名称、编号和位置，操作中应认真执行监护复诵制度（单人操作时也应高声唱票），宜全过程录音。操作过程中应按操作票填写的顺序逐项操作。每操作完一步，应检查无误后作一个“√”记号，全部操作完毕后进行复查。

违章现象

2.27 动火作业不按规定办理或执行动火工作票。

违反条例

Q/GDW 1799.1—2013《国家电网公司电力安全工作规程　变电部分》

- 16.6.1 中规定，在防火重点部位或场所以及禁止明火区动火作业，应填用动火工作票。

违章现象

2.28 接令过程中不互报姓名。

违反条例

Q/GDW 1799.1—2013《国家电网公司电力安全工作规程　变电部分》

● 5.3.1 倒闸操作应根据值班调控人员或运维负责人的指令，受令人复诵无误后执行。发布指令应准确、清晰，使用规范的调度术语和设备双重名称。发令人和受令人应先互报单位和姓名，发布指令的全过程（包括对方复诵指令）和听取指令的报告时应录音并做好记录。操作人员（包括监护人）应了解操作目的和操作顺序。对指令有疑问时应向发令人询问清楚无误后执行。发令人、受令人、操作人员（包括监护人）均应具备相应资质。

违章现象

2.29 使用万用表通断档测量电压导致万用表烧毁。

违反条例

Q/GDW 1799.1—2013《国家电网公司电力安全工作规程　变电部分》

- 6.3.11.5 工作班成员：

　　a）熟悉工作内容、工作流程，掌握安全措施，明确工作中的危险点，并在工作票上履行交底签名确认手续。

　　b）服从工作负责人（监护人）、专责监护人的指挥，严格遵守本规程和劳动纪律，在确定的作业范围内工作，对自己在工作中的行为负责，互相关心工作安全。

　　c）正确使用施工器具、安全工器具和劳动防护用品。

违章现象

2.30 室内高压设备遮栏高度不够时单人操作。

违反条例

Q/GDW 1799.1—2013《国家电网公司电力安全工作规程　变电部分》

● 5.1.2 中规定，高压设备符合下列条件者，可由单人值班或单人操作：

a）室内高压设备的隔离室设有遮栏，遮栏的高度在 1.7m 以上，安装牢固并加锁者。

违章现象

2.31 作业人员擅自拆除或改变现场安全措施。

违反条例

Q/GDW 1799.1—2013《国家电网公司电力安全工作规程　变电部分》

● 7.5.8 禁止作业人员擅自移动或拆除遮栏（围栏）、标示牌。因工作原因必须短时移动或拆除遮栏（围栏）、标示牌，应征得工作许可人同意，并在工作负责人的监护下进行。完毕后应立即恢复。

违章现象

2.32 现场使用的接地线损坏严重。

违反条例

Q/GDW 1799.1—2013《国家电网公司电力安全工作规程　变电部分》

● 14.1.4 试验装置的金属外壳应可靠接地；高压引线应尽量缩短，并采用专用的高压试验线，必要时用绝缘物支持牢固。

违章现象

2.33 进行高压试验时不装设遮栏或围栏。

违反条例

Q/GDW 1799.1—2013《国家电网公司电力安全工作规程　变电部分》

● 14.1.5 试验现场应装设遮栏或围栏，遮栏或围栏与试验设备高压部分应有足够的安全距离，向外悬挂“止步，高压危险！”的标示牌，并派人看守。被试设备两端不在同一地点时，另一端还应派人看守。

违章现象

2.34 工作票所列安全措施与作业现场实际布置的安全措施不符。

违反条例

Q/GDW 1799.1—2013《国家电网公司电力安全工作规程　变电部分》

● 6.4.2 运维人员不得变更有关检修设备的运行接线方式。工作负责人、工作许可人任何一方不得擅自变更安全措施，工作中如有特殊情况需要变更时，应先取得对方的同意并及时恢复。变更情况及时记录在值班日志内。

违章现象

2.35 进行检修作业时，电容器未放电。

违反条例

Q/GDW 1799.1—2013《国家电网公司电力安全工作规程　变电部分》

● 7.4.2 当验明设备确已无电压后，应立即将检修设备接地并三相短路。电缆及电容器接地前应逐相充分放电，星形接线电容器的中性点应接地、串联电容器及与整组电容器脱离的电容器应逐个多次放电，装在绝缘支架上的电容器外壳也应放电。

违章现象

2.36 无人扶梯。

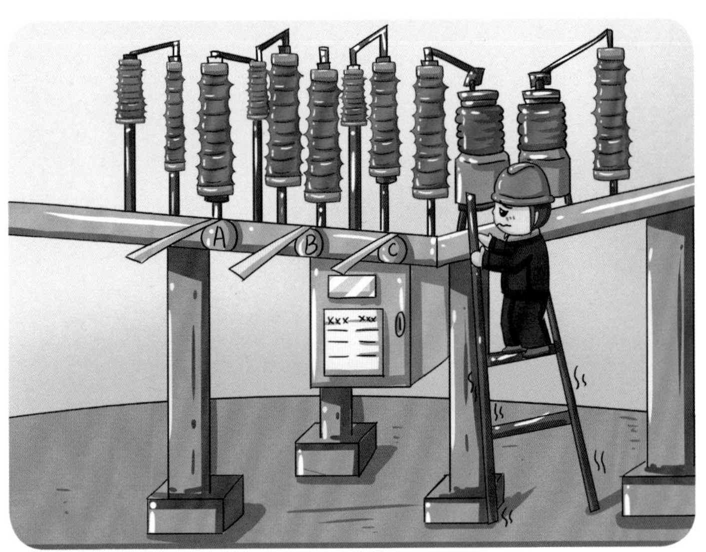

违反条例

《国家电网公司电力安全工器具管理规定》

● “附录 J 安全工器具检查与使用要求”中规定，梯子应放置稳固，梯脚要有防滑装置。使用前，应先进行试登，确认可靠后方可使用。有人员在梯子上工作时，梯子应有人扶持和监护。

Q/GDW 1799.1—2013《国家电网公司电力安全工作规程　变电部分》

● 2.20 使用梯子作业，梯子应有专人扶持。

违章现象

2.37 开启电缆井盖未设置路栏，无人看护。

违反条例

Q/GDW 1799.1—2013《国家电网公司电力安全工作规程　变电部分》

● 15.2.1.10 开启电缆井井盖、电缆沟盖板及电缆隧道人孔盖时应使用专用工具，同时注意所立位置，以免坠落。开启后应设置标准路栏围起，并有人看守。作业人员撤离电缆井或隧道后，应立即将井盖盖好。

违章现象

2.38 沟（槽）开挖时，未将路面铺设材料和泥土分别堆置。

违反条例

Q/GDW 1799.1—2013《国家电网公司电力安全工作规程　变电部分》

● 15.2.1.5 沟（槽）开挖时，应将路面铺设材料和泥土分别堆置，堆置处和沟（槽）之间应保留通道供施工人员正常行走。在堆置物堆起的斜坡上不得放置工具材料等器物。

违章现象

2.39 运行中的电流互感器二次绕组未接地。

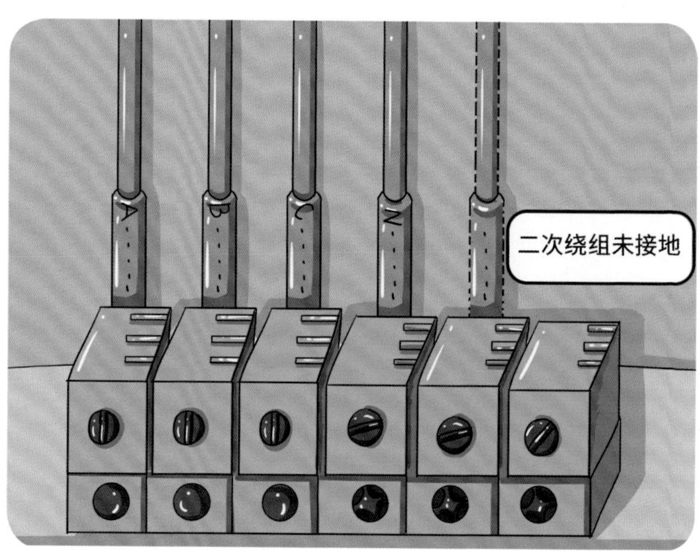

违反条例

Q/GDW 1799.1—2013《国家电网公司电力安全工作规程　变电部分》

● 13.12 所有电流互感器和电压互感器的二次绕组应有一点且仅有一点永久性的、可靠的保护接地。

违章现象

2.40 使用人字梯无限制开度的措施。

违反条例

Q/GDW 1799.1—2013《国家电网公司电力安全工作规程　变电部分》

- 18.2.2 中规定，人字梯应有限制开度的措施。人在梯子上时，禁止移动梯子。

违章现象

2.41 对设备防误闭锁装置随意解锁。

违反条例

Q/GDW 1799.1—2013《国家电网公司电力安全工作规程　变电部分》

● 5.3.6.5 操作中发生疑问时，应立即停止操作并向发令人报告。待发令人再行许可后，方可进行操作。不准擅自更改操作票，不准随意解除闭锁装置。解锁工具（钥匙）应封存保管，所有操作人员和检修人员禁止擅自使用解锁工具（钥匙）。若遇特殊情况需解锁操作，应经运维管理部门防误操作装置专责人或运维管理部门指定并经书面公布的人员到现场核实无误并签字后，由运维人员告知当值调控人员，方能使用解锁工具（钥匙）。单人操作、检修人员在倒闸操作过程中禁止解锁。如需解锁，应待增派运维人员到现场，履行上述手续后处理。解锁工具（钥匙）使用后应及时封存并作好记录。

违章现象

在 5 级以上大风及暴雨、雷电、冰雹等天气下登高作业。

违反条例

Q/GDW 1799.1—2013《国家电网公司电力安全工作规程　变电部分》

● 18.1.16 在 5 级及以上的大风以及暴雨、雷电、冰雹、大雾、沙尘暴等恶劣天气下，应停止露天高处作业。特殊情况下，确需在恶劣天气进行抢修时，应组织人员充分讨论必要的安全措施，经本单位批准后方可进行。

违章现象

2.43 工作票有破损时继续使用。

违反条例

Q/GDW 1799.1—2013《国家电网公司电力安全工作规程　变电部分》

● 6.3.8.11 工作票有破损不能继续使用时，应补填新的工作票，并重新履行签发许可手续。

违章现象

2.44 不按规定站在合格的绝缘垫上进行试验工作。

违反条例

Q/GDW 1799.1—2013《国家电网公司电力安全工作规程　变电部分》

● 14.1.6 中规定，高压试验作业人员在全部加压过程中，应精力集中，随时警戒异常现象发生，操作人应站在绝缘垫上。

违章现象

2.45 电气设备金属外壳接地不符合规定。

违反条例

Q/GDW 1799.1—2013《国家电网公司电力安全工作规程　变电部分》

● 16.3.1 所有电气设备的金属外壳均应有良好的接地装置。使用中不准将接地装置拆除或对其进行任何工作。

违章现象

2.46 下电缆井作业前未通风。

违反条例

Q/GDW 1799.1—2013《国家电网公司电力安全工作规程　变电部分》

- 15.2.1.11 电缆隧道应有充足的照明，并有防火、防水、通风的措施。电缆井内工作时，禁止只打开一只井盖（单眼井除外）。进入电缆井、电缆隧道前，应先用吹风机排除浊气，再用气体检测仪检查井内或隧道内的易燃易爆及有毒气体的含量是否超标，并作好记录。电缆沟的盖板开启后，应自然通风一段时间，经测试合格后方可下井沟工作。电缆井、隧道内工作时，通风设备应保持常开。在电缆隧（沟）道内巡视时，作业人员应携带便携式气体测试仪，通风不良时还应携带正压式空气呼吸器。

违章现象

2.47 吊车索具受力情况下熄火。

违反条例

《国家电网公司电力安全工作规程　电网建设部分（试行）》

- 5.1.2.6 停机时，应先将重物落地，不得将重物悬在空中停机。

违章现象

2.48 高压配电室、保护室等不满足防小动物的措施要求。

违反条例

Q/GDW 434.1—2010《国家电网公司安全设施标准 第1部分：变电》

- 8. 安全防护设施中防小动物挡板高度不应低于400mm。

违章现象

2.49 进入作业现场未戴安全帽。

违反条例

Q/GDW 1799.1—2013《国家电网公司电力安全工作规程　变电部分》

- 4.3.4 进入作业现场应正确佩戴安全帽，现场作业人员应穿全棉长袖工作服、绝缘鞋。

违章现象

2.50 用管子滚动搬运时，两端露出长度小于 30cm。

违反条例

Q/GDW 1799.1—2013《国家电网公司电力安全工作规程　变电部分》

- 17.4.2 中规定，管子承受重物后两端各露出约 30cm，以便调节转向。手动调节管子时，应注意防止手指压伤。

违章现象

2.51 滑车及滑车组有裂纹、轮沿破损时仍使用。

违反条例

Q/GDW 1799.1—2013《国家电网公司电力安全工作规程　变电部分》

● 17.3.7.1 中规定，滑车及滑车组使用前应进行检查，发现有裂纹、轮沿破损等情况者，不准使用。

违章现象

2.52 人工夜间搬运无照明。

违反条例

Q/GDW 1799.1—2013《国家电网公司电力安全工作规程　变电部分》

- 17.4.1 中规定，搬运的过道应当平坦畅通，如在夜间搬运应有足够的照明。

违章现象

2.53 单梯使用时与地面的倾斜角不符合规程要求。

违反条例

Q/GDW 1799.1—2013《国家电网公司电力安全工作规程　变电部分》

- 18.2.2 中规定，使用单梯工作时，梯与地面的斜角度约为 60°。

违章现象

2.54 使用凿子凿坚硬物体时未佩戴防护眼镜。

违反条例

Q/GDW 1799.1—2013《国家电网公司电力安全工作规程　变电部分》

● 16.4.1.3 用凿子凿坚硬或脆性物体时（如生铁、生铜、水泥等），应戴防护眼镜，必要时装设安全遮栏，以防碎片打伤旁人。凿子被锤击部分有伤痕不平整、沾有油污等，不准使用。

违章现象

2.55 使用斗臂车作业时，作业斗门未扣紧或保险装置未锁紧。

违反条例

Q/GDW 1799.1—2013《国家电网公司电力安全工作规程　变电部分》

● 18.1.3 高处作业均应先搭设脚手架、使用高空作业车、升降平台或采取其他防止坠落措施，方可进行。

违章现象

2.56 卷扬机无制动和逆止装置。

违反条例

Q/GDW 1799.1—2013《国家电网公司电力安全工作规程　变电部分》

● 17.2.1.9 各式起重机应该根据需要安设过卷扬限制器、过负荷限制器、起重臂俯仰限制器、行程限制器、联锁开关等安全装置；其起升、变幅、运行、旋转机构都应装设制动器，其中起升和变幅机构的制动器应是常闭式的。臂架式起重机应设有力矩限制器和幅度指示器。铁路起重机应安有夹轨钳。

违章现象

2.57 6 级以上大风，露天进行起重工作。

违反条例

Q/GDW 1799.1—2013《国家电网公司电力安全工作规程　变电部分》

● 17.1.7 遇有 6 级以上的大风时，禁止露天进行起重工作。当风力达到 5 级以上时，受风面积较大的物体不宜起吊。

违章现象

2.58 吊钩未采取脱钩保险措施。

违反条例

Q/GDW 1799.1—2013《国家电网公司电力安全工作规程　变电部分》

● 17.3.3.1 使用前应检查吊钩、链条、传动装置及刹车装置是否良好。吊钩、链轮、倒卡等有变形时，以及链条直径磨损量达 10% 时，禁止使用。

违章现象

2.59 开断电缆前，未与电缆走向图纸确认清楚。

违反条例

Q/GDW 1799.1—2013《国家电网公司电力安全工作规程　变电部分》

● 15.2.1.9 中规定，开断电缆以前，应与电缆走向图图纸核对相符，并使用专用仪器（如感应法）确切证实电缆无电后，用接地的带绝缘柄的铁钎钉入电缆芯后，方可工作。扶绝缘柄的人应戴绝缘手套并站在绝缘垫上，并采取防灼伤措施（如防护面具等）。

违章现象

2.60 氧气瓶压力下降到 0.2MPa 以下仍使用。

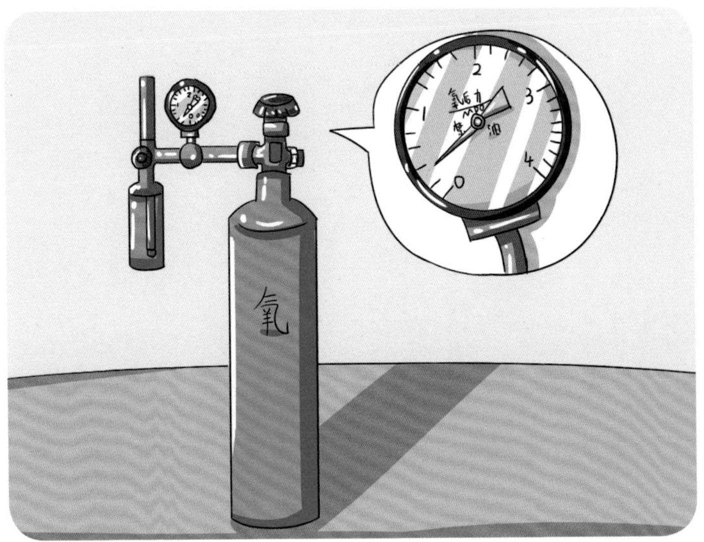

违反条例

Q/GDW 1799.1—2013《国家电网公司电力安全工作规程　变电部分》

- 16.5.10 氧气瓶内的压力降到 0.2MPa，不准再使用。用过的瓶上应写明“空瓶”。

违章现象

2.61 未戴绝缘手套。

违反条例

Q/GDW 1799.1—2013《国家电网公司电力安全工作规程　变电部分》

● 7.4.9 装设接地线应先接接地端，后接导体端，接地线应接触良好，连接应可靠。拆接地线的顺序与此相反。装、拆接地线导体端均应使用绝缘棒和戴绝缘手套。人体不得碰触接地线或未接地的导线，以防止触电。带接地线拆设备接头时，应采取防止接地线脱落的措施。

违章现象

2.62 从运行设备上直接取用电源。

违反条例

Q/GDW 1799.1—2013《国家电网公司电力安全工作规程　变电部分》

- 13.18 中规定，被检修设备及试验仪器禁止从运行设备上直接取试验电源。

违章现象

2.63 避雷器带电测试时距离太近。

违反条例

Q/GDW 1799.1—2013《国家电网公司电力安全工作规程　变电部分》

● 14.2.7 测量用装置必要对应装设遮栏或围栏，并悬挂“止步，高压危险！”的标示牌。仪器的布置应使作业人员距带电部位不小于表1规定的安全距离。

表1　设备不停电时的安全距离

电压等级 kV	安全距离 m	电压等级 kV	安全距离 m
10 及以下（13.8）	0.70	1000	8.70
20、35	1.00	±50 及以下	1.50
66、110	1.50	±400	5.90
220	3.00	±500	6.00
330	4.00	±660	8.40
500	5.00	±800	9.30
750	7.20		

注 1：表中未列电压等级按高一档电压等级确定安全距离。
注 2：±400kV 数据是按海拔 3000m 校正的，海拔 4000m 时安全距离为 6.00m。750kV 数据是按海拔 2000m 校正的，其他等级数据按海拔 1000m 校正。

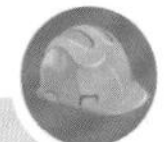

违章现象

2.64 高处作业，安全带系在移动、不牢固的物件上或避雷器、隔离开关（刀闸）支持瓷柱上。

违反条例

Q/GDW 1799.1—2013《国家电网公司电力安全工作规程　变电部分》

● 18.1.8 安全带的挂钩或绳子应挂在结实牢固的构件上，或专为挂安全带用的钢丝绳上，并应采用高挂低用的方式。禁止挂在移动或不牢固的物件上［如隔离开关（刀闸）支持绝缘子、CVT 绝缘子、母线支柱绝缘子、避雷器支柱绝缘子等］。

3. 工器具管理

违章现象

3.1 报废的安全工器具存放在工器具库内。

违反条例

《国家电网公司电力安全工器具管理规定》

● 第三十七条　报废的安全工器具应及时清理，不得与合格的安全工器具存放在一起，严禁使用报废的安全工器具。

违章现象

3.2 使用未经检验合格的登高用具。

违反条例

《国家电网公司电力安全工器具管理规定》

- 第二十六条中规定，安全工器具使用期间应按规定做好预防性试验。

违章现象

3.3 未按规定配置现场安全防护装置、安全工器具和个人防护用品。

违反条例

Q/GDW 1799.1—2013《国家电网公司电力安全工作规程　变电部分》

● 4.2.1作业现场的生产条件和安全设施等应符合有关标准、规范的要求，工作人员的劳动防护用品应合格、齐备。

违章现象

3.4 安全工器具、带电作业工具未按照试验周期定期进行电气试验及机械试验。

违反条例

《国家电网公司电力安全工器具管理规定》

● 第十五条中规定，组织开展班组安全工器具培训，严格执行操作规定，正确使用安全工器具，严禁使用不合格或超试验周期的安全工器具。

违章现象

3.5 使用钻床等违反规定戴手套，用手直接清除铁屑。

违反条例

Q/GDW 1799.1—2013《国家电网公司电力安全工作规程　变电部分》

● 16.4.1.5 使用钻床时，应将工件设置牢固后，方可开始工作。清除钻孔内金属碎屑时，应先停止钻头的转动。禁止用手直接清除铁屑。使用钻床时不准戴手套。

违章现象

3.6 不使用插头而将电线直接插入电源插座。

违反条例

《国家电网公司电力安全工作规程　电网建设部分（试行）》

- 3.5.4.19 禁止将电源线直接钩挂在闸刀上或直接插入插座内使用。

违章现象

3.7 使用砂轮等违反规定不戴护目眼镜或装设防护玻璃。

违反条例

《国家电网公司电力安全工器具管理规定》

- “附录 J 安全工器具检查与使用要求”中规定，在进行车、铣、刨及用砂轮磨工件时，应戴防打击护目眼镜等。

违章现象

3.8 在带电设备周围进行测量工作，使用钢卷尺或带有金属线的皮卷尺、线尺。

违反条例

Q/GDW 1799.1—2013《国家电网公司电力安全工作规程　变电部分》

● 16.1.8 在带电设备周围禁止使用钢卷尺、皮卷尺和线尺（夹有金属丝者）进行测量工作。

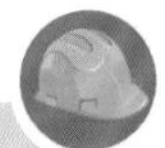

违章现象

3.9 在带电设备区内或临近带电线路处使用金属梯子作业。

违反条例

Q/GDW 1799.1—2013《国家电网公司电力安全工作规程　变电部分》

● 16.1.10 在变、配电站（开关站）的带电区域内或邻近带电线路处，禁止使用金属梯子。

违章现象

3.10 待用间隔未纳入调度管辖范围。

违反条例

Q/GDW 1799.1—2013《国家电网公司电力安全工作规程　变电部分》

● 5.1.8 待用间隔（母线连接排、引线已接上母线的备用间隔）应有名称、编号，并列入调度控制中心管辖范围。其隔离开关（刀闸）操作手柄、网门应加锁。

违章现象

3.11 使用安全装置不齐全的机械设备和施工器具。违规拆除防护装置。

违反条例

Q/GDW 1799.1—2013《国家电网公司电力安全工作规程　变电部分》

● 16.2.1 机器的转动部分应装有防护罩或其他防护设备（如栅栏），露出的轴端应设有护盖，以防绞卷衣服。禁止在机器转动时，从联轴器（靠背轮）和齿轮上取下防护罩或其他防护设备。

违章现象

3.12 梯子绑接使用。

违反条例

Q/GDW 1799.1—2013《国家电网公司电力安全工作规程　变电部分》

- 18.2.2 中规定，梯子不宜绑接使用。

违章现象

3.13 在户外变电站和高压室内不按规定使用和搬运梯子、管子等长物。

违反条例

Q/GDW 1799.1—2013《国家电网公司电力安全工作规程　变电部分》

● 16.1.9 在户外变电站和高压室内搬动梯子、管子等长物，应两人放倒搬运，并与带电部分保持足够的安全距离。

4. 消防管理

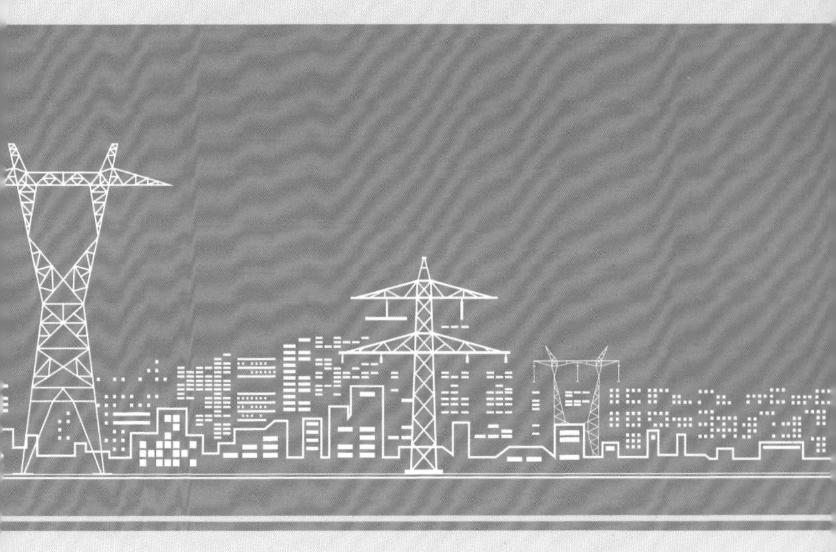

违章现象

4.1 SF_6 气瓶随意摆放。

违反条例

Q/GDW 1799.1—2013《国家电网公司电力安全工作规程　变电部分》

● 11.17　SF_6 气瓶应放置在阴凉干燥、通风良好、敞开的专门场所，直立保存，并应远离热源和油污的地方，防潮、防阳光暴晒，并不得有水分或油污粘在阀门上。

搬运时，应轻装轻卸。

违章现象

4.2 直接将 SF_6 气瓶从车上推下。

违反条例

Q/GDW 1799.1—2013《国家电网公司电力安全工作规程　变电部分》

● 11.17　SF_6 气瓶应放置在阴凉干燥、通风良好、敞开的专门场所，直立保存，并应远离热源和油污的地方，防潮、防阳光暴晒，并不得有水分或油污粘在阀门上。

搬运时，应轻装轻卸。

违章现象

4.3 作业人员随意摆放试验设备造成通道阻塞。

违反条例

Q/GDW 1799.1—2013《国家电网公司电力安全工作规程　变电部分》

● 13.10 在继电保护、安全自动装置及自动化监控系统屏间的通道上搬运或安放试验设备时，不能阻塞通道，要与运行设备保持一定距离，防止事故处理时通道不畅，防止误碰运行设备，造成相关运行设备继电保护误动作。清扫运行设备和二次回路时，要防止振动、防止误碰，要使用绝缘工具。